致台灣的各位
很高興跟您見面♡
にゃー
ななおん
うちのお尻をよろしくお願いします♡

為什麼大家都愛貓屁屁

NANAON ななおん——著

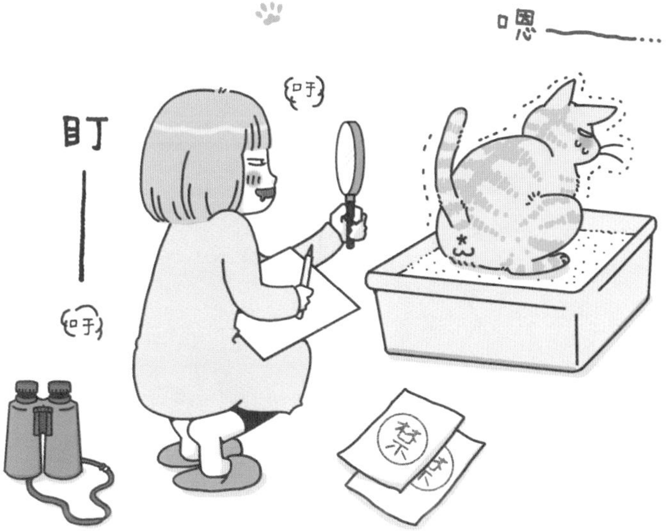

前言

很像後記，但並不是。

要不要這個？

鼾——
齁齁——
鼾——…
啊！
齁齁——
大家好，我是NANAON。
承蒙購買此書，不勝感激。
齁齁
不好意思

這本漫畫原本是我在HP上畫的漫畫，命名為《用茶虎貓碗吃飯》，
超不定期更新☆
2色作畫。
偶然被編輯看到，
要不要在我家出版？
呵呵呵
就找上我出版了。
2013.3月
向來在WEB上隨興作畫的我，
有許許多多的猶豫，
截稿日
出局重畫
全彩色
畫太爛了
畫太慢
胃痛
叭噠
但是，用我最喜歡的畫，描寫我最喜歡的貓的喜悅，更勝過一切，所以我渡過了大量分泌腎上腺素的一年。
這樣可以吧？
好想用大格子！
這個也想畫、那個也想畫
很有漫畫的味道！！
好新鮮！！
這樣子
資料

起初，這本書預定取名為《用茶虎貓碗吃飯》，
連LOGO都做好了。
非常可愛!!
用茶虎貓碗吃飯。
Chatora de Gohan
喜歡貓的設計大師做的。
這是重點(笑)
※這本書的新LOGO也是請同一人重新設計。
但經過幾次討論，
屁屁
屁股
臀部
NANAON，妳的漫畫裡屁屁會不會太多了？
妳看，這裡也有
咦!?
我……我喜歡貓屁屁。
書名就變了。
鏘—
用茶虎貓碗吃飯。
再見了茶飯……。
於是，做出了這樣的一本書。
危險區域
對不起，取了不好意思拿去收銀機結帳的書名。
誠如書名所示，是對貓與貓屁屁的愛，
幹麼分開咧
哈哈哈
哈哈哈哈哈 哈哈
等等我啊——
誘人的屁屁~
嗚呼呼
嗚呼呼
如浪潮般湧現的漫畫。
希望大家會覺得好看。
吁喵
哈哈哈
喂~我會追你追到天涯海角~
又來了
愛的屁屁
鼾……。

我

屁屁

愛

貓

CONTENTS

使用說明

本書中人物的變態行為，請切勿模仿。
若因被目擊此行為而使您的人格受到質疑，本書一概不負責。
讓我們用愛護動物的精神，來疼愛貓的屁屁吧。♥

屁屁. 1

我喜歡茶虎貓，
喜歡到可以用茶虎貓碗來吃飯。

美麗的橘黃色貓毛。
額頭上的不規則紋路。
前腳與
尾巴的條紋。
通通都很可愛。
TOTO♂
飯飯……
先把手拿開啊……。

譯註：TOTO取自老虎TORA。

大家好，我是茶虎貓愛好會的會長NANAON。
會員招募中
開朗正直
有茶虎貓風格
←主人
貓的屁屁長
世界
咔鈴
咬 咬
←飼養的貓
I♥茶虎貓
老實說，我現在雖然高舉「茶虎貓狂」的招牌，
但以前是「三毛貓至上主義」。
上隻貓小茶好美
三隻貓的毛色鮮明
這隻貓都會來欺負她。
噗呼～
隔壁鄰家的茶虎貓！
嘎噹
妳很亮麗呢，小姐，讓我聞聞吧。
來啊來啊
嘎噹
從外面撬開紗窗。
還會
庭院花園
吃花
吃花
嘎！
花才剛開呢!!

……。
嗯——…
……
不會吧
啊
噗哩噗哩
嘿嘿
臭小子!!
忍無可忍了!我要去向鄰居抗議!
不過,他的屁屁還真不錯呢!
噗呼—
吼喵—
←室外機
我家鐵男才不會做那種事呢。
喵—
鐵男的裝乖必殺技。
溺愛的父母!
那之後,三毛貓仙逝,我渡過了好幾年沒有貓的生活。
這與茶虎貓無關
將來如果會再養貓,
也絕不會養茶虎貓,
我一直這麼想。
浮現—
——直到撿到TOTO那天
……

TOTO 3個月
900g
O型腿。

要玩嗎？
?
為什麼臉紅心跳呢？好奇怪……以前養貓都不會這樣啊。
血如流注
怦怦
咚

瞄
呵——
真的好可愛……
從此以後，我成了茶虎貓的俘虜。
好可愛……超可愛
可愛到好想吃了他……怎麼辦……
什麼怎麼辦？
啾——♥
甚至覺得以前做了對不起那隻茶虎貓的事（說不定真是那樣）。
兩年後……完全看不出小貓時的模樣了。
鬆軟Q彈
嗯——
越來越像那隻茶虎貓
6kg
愛情以年月的二次方持續成長。

實在太可愛了，
chip ctar
POTADO CHIPS
我喜歡清湯味
咔嚓
所以我把洋芋片的盒子拿來，
剪
剪
剪掉盒底。
緊縮……
嗚喵——
啊……好可愛，TOTO好可愛。
有時我會擔心自己是不是瘋了。
(吁)
(吁)
哼唧
哼唧

翻滾
翻滾
咚
咚
滾滾滾滾
但是，TOTO也不輸給我。
吸ー呼ーー
吸ー呼ーー
拖鞋
這隻也是。
塞進去
…
嗯ー
跳起
令人擔心。
哈呼～～
他也愛長筒靴

但那個模樣也……
這個也很棒喵
吁
吁
高跟
…
船型皮鞋…
……
唔……
唔……
握
還是、
很可愛！
磨蹭
磨蹭

——TOTO怎麼想是個謎。

在雨天穿了一整天的襪子——
嗯嗚——
貓用廁所
完

屁屁. 2

夏的風景之詩
貓的攤開趴睡
45℃

今年夏天很熱，
呴呵
TOTO也熱得快融化了。
不過，貓很會找涼快的地方。
咦？
洗衣機IN
哇!!
洗臉台Love

發現門稍微敞開，原來是……
冰箱天堂
感覺冰冰涼涼。
還有香味。
喂！到此為止！！
咚
咚
前面一定是仙境。
已經夠熱了，不要給我找麻煩好嗎？
是的，今年熱過了頭。
冰涼
開著冷氣還有34度？

愛米粒出版
Emily

廣告回信
台北郵局登記證
台北廣字第04474號

平信

To: 愛米粒出版有限公司 收

地址：台北市10445中山區中山北路二段26巷2號2樓

當讀者碰上愛米粒

姓名：________________ □男 / □女：_____ 歲

職業 / 學校名稱：________________

地址：________________

E-Mail：________________

● 書名：______________________ ※請記得填寫

● 這本書是在哪裡買的?

a.實體書店 b.網路書店 c.量販店 d. __________

● 是如何知道或發現這本書的?

a.實體書店 b.網路書店 c.愛米粒臉書 d.朋友推薦 e.____________

● 為什麼會被這本書給吸引？

a.書名 b.作者 c.主題 d.封面設計 e.文案 f.書評 g.____________

● 對這本書有什麼感想？有什麼話要給作者或是給愛米粒？

※ 只要填寫回函卡並寄回，就有機會獲得神祕小禮物！

讀者只要留下正確的姓名、E-mail和聯絡地址，
並寄回愛米粒出版社，即可獲得晨星網路書店$30元的購書優惠券。
購書優惠券將mail至您的電子信箱（未填寫完整者恕無贈送！）

得獎名單將公布在愛米粒Emily粉絲頁面，敬請密切注意！
愛米粒Emily: https://www.facebook.com/emilypublishing

愛米粒出版有限公司
Emily Publishing Company, Ltd.

無奈到想笑。
哈哈
……
……吁
吁
吁
這是……
吁
TOTO?
熱喘（Painting）!!
※Painting是從嘴巴散熱的動作，
貓通常不會這麼做，
這時候有中暑的危險。
吁
吁
吁
吁

呀——!!
飛奔到冷氣強的房間避難。
吁
吁
吁
轟——
冷毛巾
嗡——
熱喘很快就緩和了。
我想這樣不行，多增加了竹簾。
連房間都加了
對付夏天高溫
￥1200
買了冰墊
寵物用冰墊
L
寵物用冰墊
M
M尺寸就行了吧？
咚 鏘
雖然有點小，
咦！
但他毫不在意。
還可以當枕頭。

屁屁也會涼
還好
他沒什麼原則……。
TOTO原本就不太在意小事。
嗯—
人妖坐姿
尾巴掉進碗裡啦…。
不太整理毛。
翹
垃圾
跟上一隻三毛貓差很多，讓我大為吃驚。
超神經質
舔得太過頭，都禿了。
三毛色很聰明
其實，聽說貓的毛色與氣質有一定的關係。
白毛越多越有氣質、越敏感，茶色毛越多就越豪邁。
黑色頑強
有條紋的貓最快活。
總而言之，既是茶色又有條紋的茶虎貓，
白貓就是這麼神聖
散發著不能隨便碰的光環。
滑—
紙箱滑行。
小心易碎物

脫不下來…。
……。
鼾…
……。
算了。
神經大條、
沒什麼自尊心，
唯一的優點
就是開朗、
活潑。
拖
啊
對了。
我喜歡這個。
喵
舔
舔
非常喜歡
舔
舔
舔
舔

跟我玩❤
用這個？
濕答答
啪答
啊嗯❤
唔哼哼❤
啪答

茶虎貓都是這樣嗎？
哇哈哈
哇哈哈哈
這樣嗎!!
這樣
舒服嗎!!
你這隻變態貓!
嗯哼
喵哼
四濺的口水
—茶虎貓……
空有「虎」這麼雄壯的名字，
卻沒有老虎的粗獷，
也沒有貓特有的敏感纖細，
是讓人有點遺憾的那種貓。
…
蓬鬆柔軟的柴魚片來啦。
蓬鬆柔軟的柴魚片包
只有我家的茶虎貓是這樣嗎？
不要放在鞋櫃裡面!!
藏起來♪
附錄
他—被竹簾
完

屁屁. 3

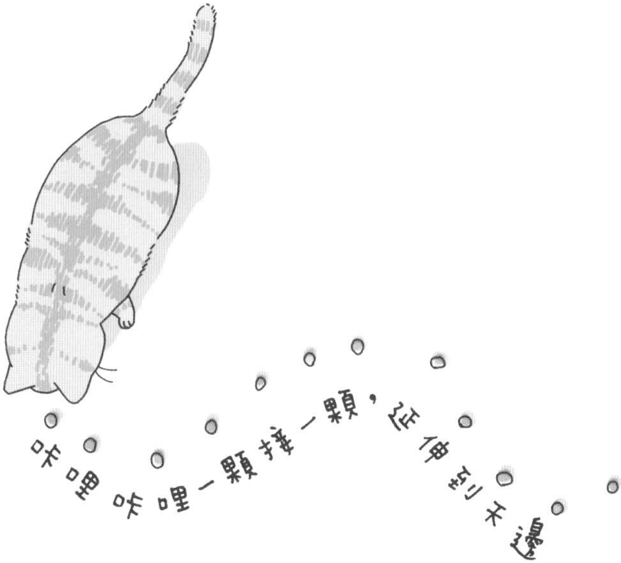

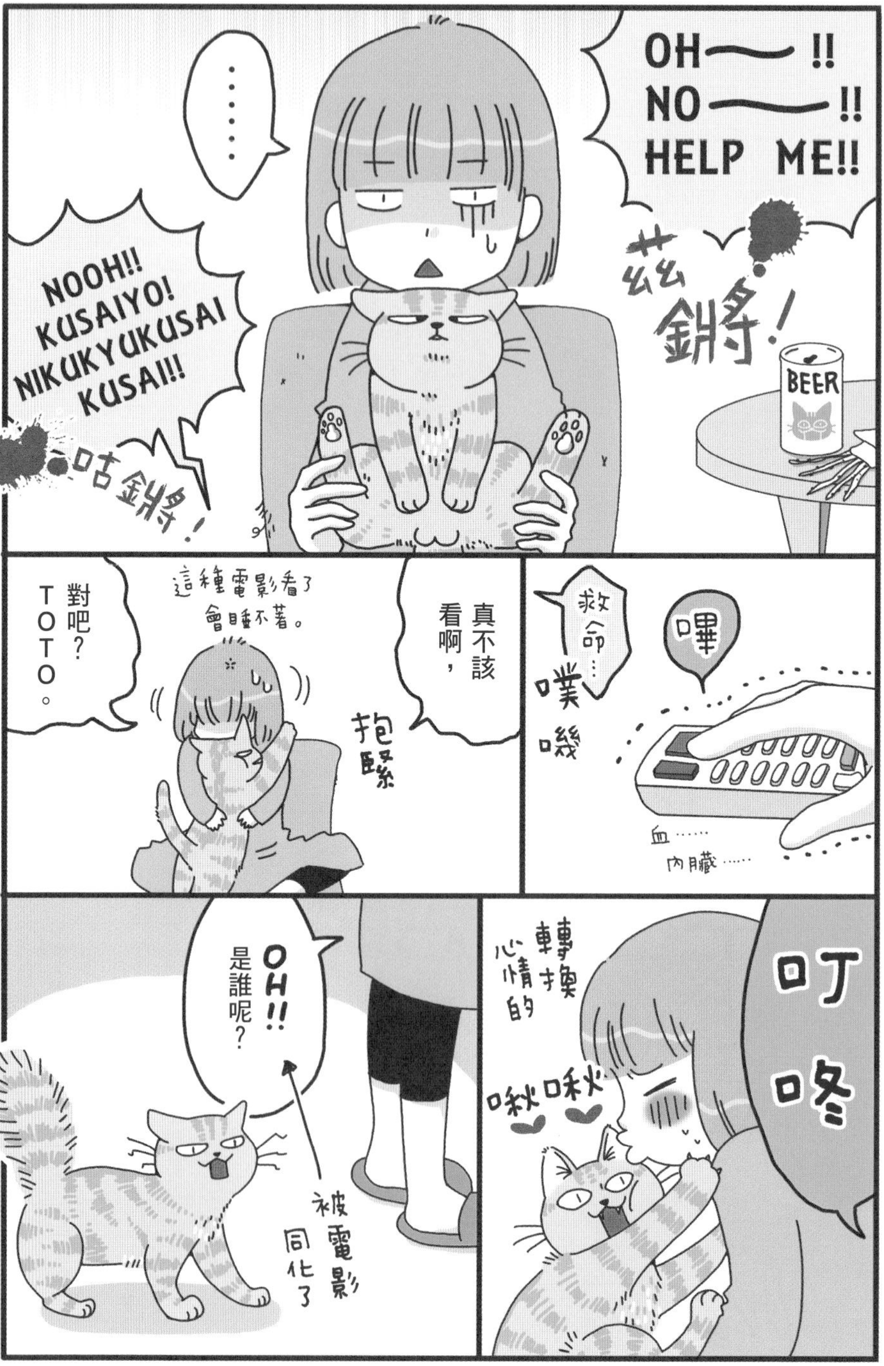
OH——!! NO——!! HELP ME!!
……
NOOH!! KUSAIYO! NIKUKYUKUSAI KUSAI!!
茲鏘！
咕鏘！
BEER
救命……
嗶
噗嘰
血……
內臟……
真不該看啊，
這種電影看了會睡不著。
對吧？TOTO。
抱緊
叮咚
轉換心情的
啾啾
OH!! 是誰呢？
被電影同化了

快遞！
來了，謝謝，辛苦了。
TOTO，咔哩咔哩送到囉。
TOTO超級膽小，電鈴一響，他就會躲進巢穴（壁櫥）裡。
TOTO？
咦？
又躲進這裡了！
啊！
快遞已經走啦，快出來！
縮縮縮縮
這肉球也太可愛了吧！！

唔啊—
你是哆啦O夢啊？
累死了，我要去洗澡。
咻嚕嚕嚕
啪噠
……
唉
為什麼會怕成那樣呢？
叭砰叭砰…
嘎答
嗯？
軋—…

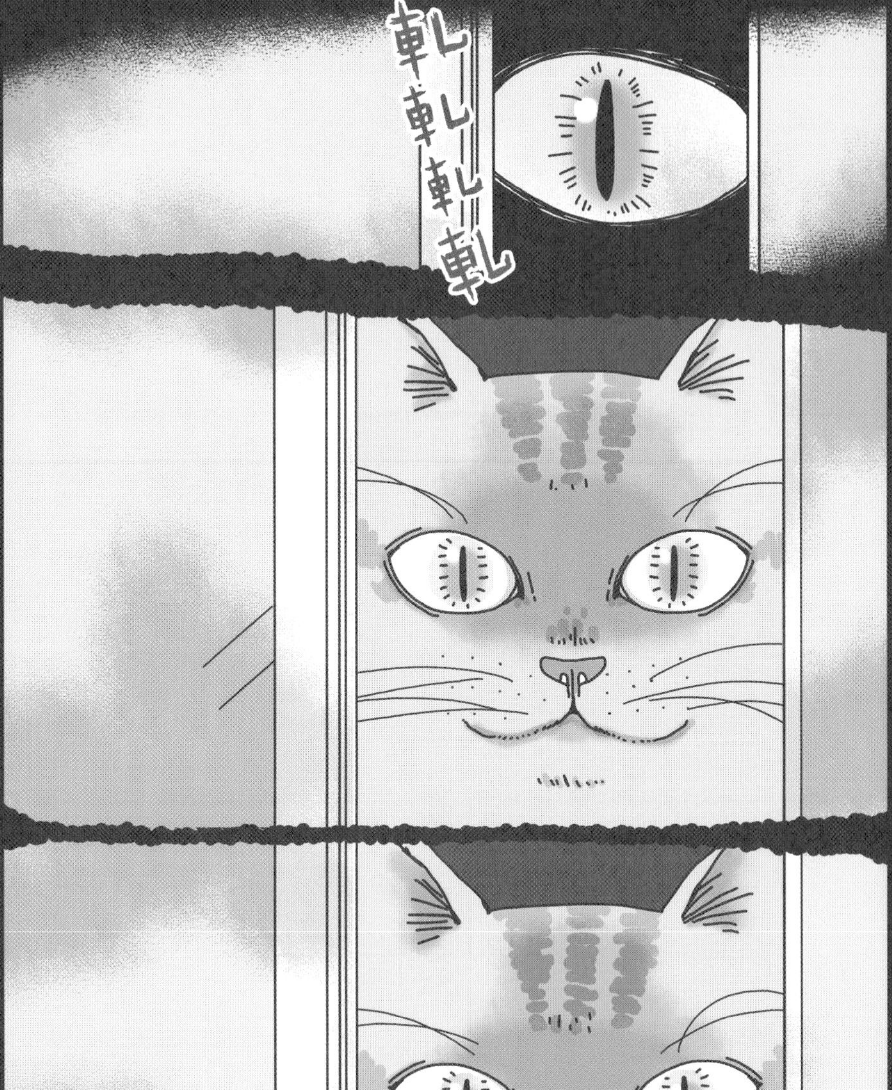
軋軋軋軋
嘻喵…

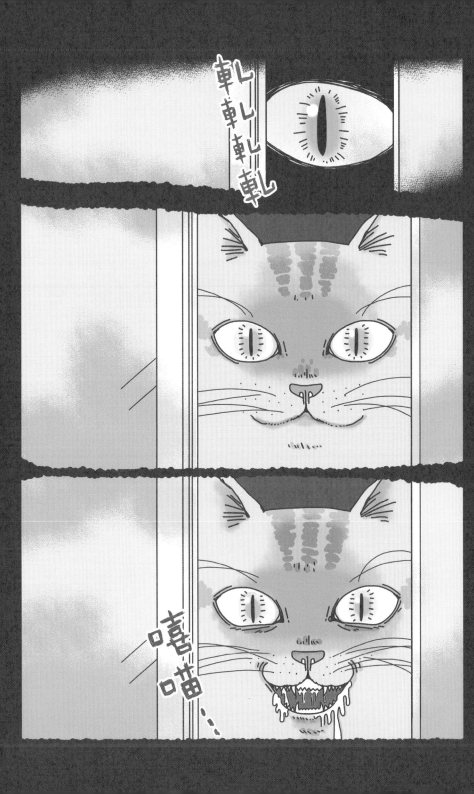

呀呀呀
怪貓!!
探頭
哎呀，是可愛的茶虎貓。
咚
咚
咚
一點都不可怕。
嗯—
我上來了。
哇，好可愛。
蜷坐
咕嘟
咕嘟
…轟…
烘烘
烘烘
轟轟…

轟隆
轟隆
轟轟轟轟
「與愛貓共處的浴室，會響起地鳴聲嗎？」
NANAON的今日一句。
轟隆作響呢。
轟轟轟轟
轟
轟
噠噗
…
我知道，
不能那麼做。
仔細洗乾淨
仔細洗乾淨
搓洗
搓洗
搓洗
可是，

含
尷尬的畫面，以馬賽克呈現。
吸
吸……
啊！
吸……
老毛病又犯了……
此時此刻，我覺得自己正逐漸失去
還泡到腦充血。
啊——!!
身為人不可以失去的東西。
AMEZON
咔哩咔哩MIX
完

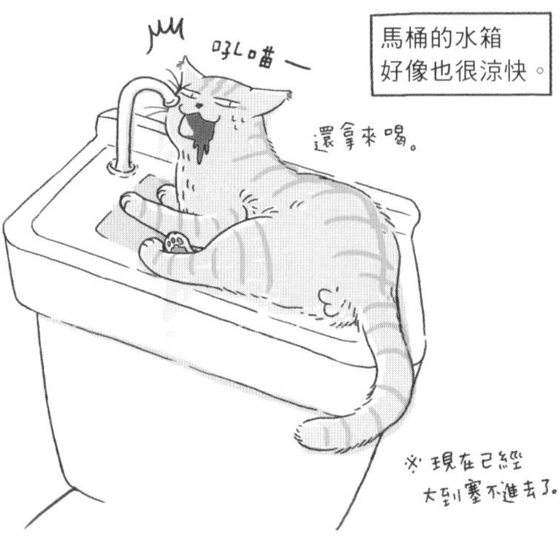
馬桶的水箱
好像也很涼快。
吼喵—
還拿來喝。
※現在已經
大到塞不進去了。

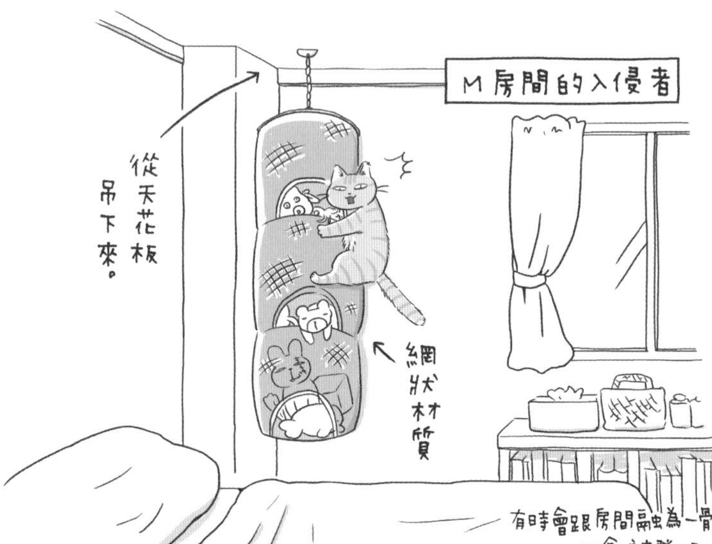
M房間的入侵者
從天花板
吊下來。
網狀材質
有時會跟房間融為一體，
不會被發現。

屁屁. 4

因為蛋白
看起來很像
貓。
番茄醬

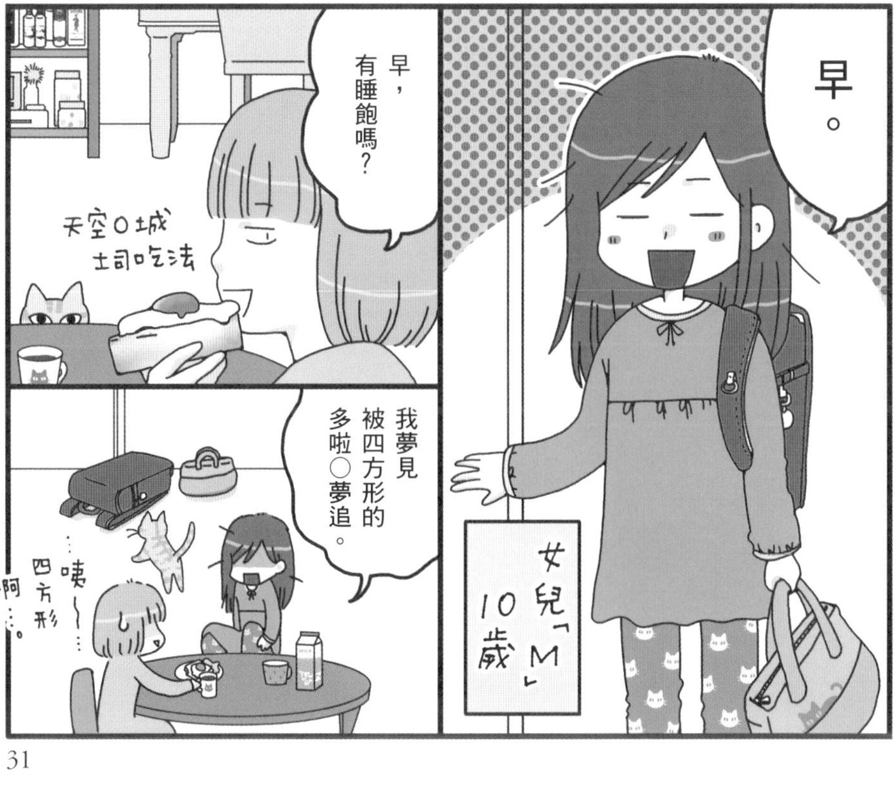
早。
女兒「M」
10歲
早，有睡飽嗎？
天空○城
土司吃法
我夢見被四方形的多啦○夢追。
咦～……
四方形
啊……。

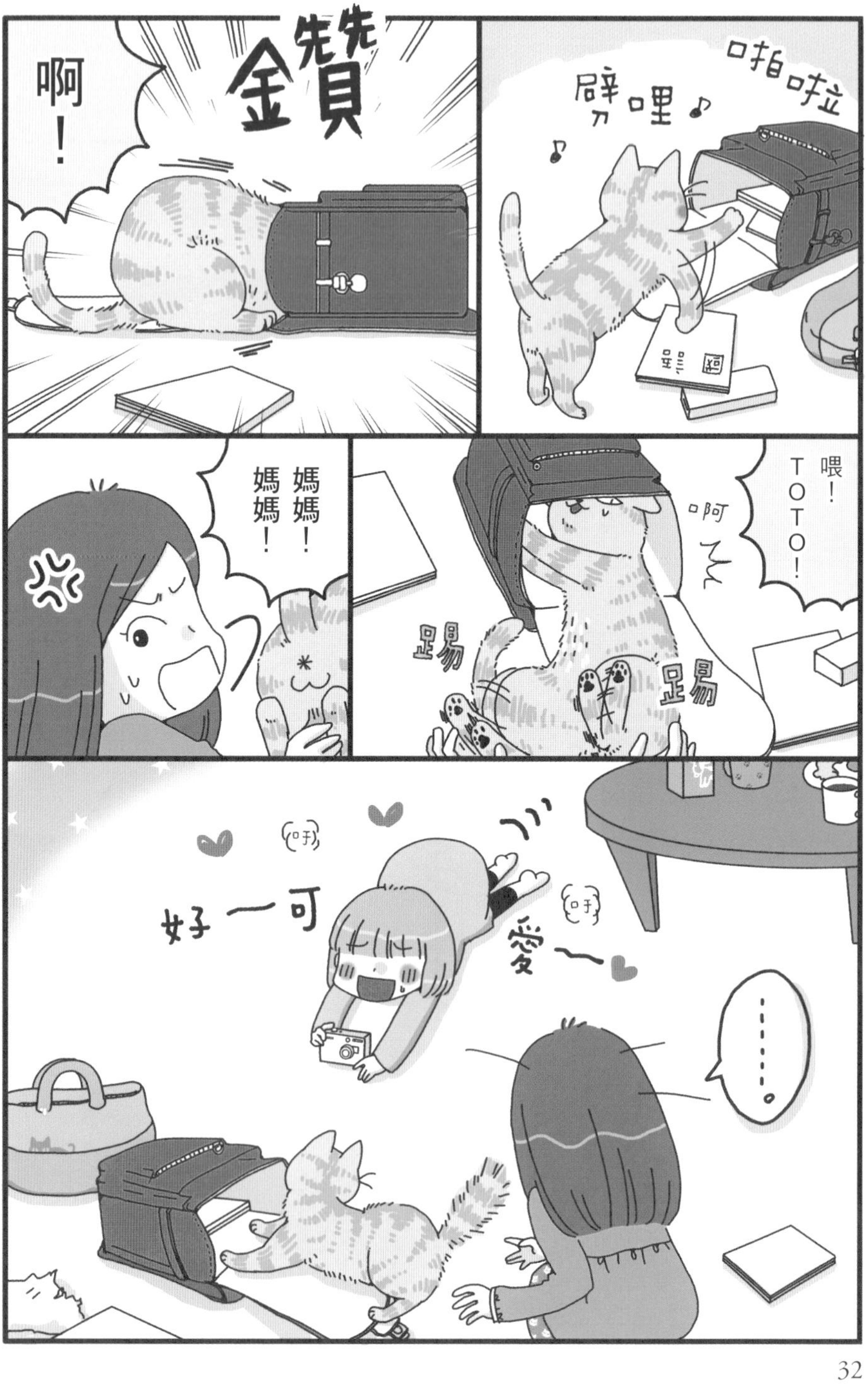
啪啦
劈哩♪
♪
鑽
啊!
喂!TOTO!
啊
踢
踢
媽媽!媽媽!
(呼)
好——可
(呼)
愛~~
……。

啪噠
……
小心走路…
喵——
來喝杯茶吧。
嗯喵——
TOTO喜歡親鼻子
碰撞
貓與貓的問候方式。
可是很臭。
薰
哇！臭死了!!
但說歸說，
……。
我還是會積極地去聞。
聞
聞
吼哈
啊——鮪魚！

不知道TOTO是不是把我當成了媽媽？
呼嚕
呼嚕
我睏了，抱我…。
抓
聽說貓一般都討厭小孩子，
但TOTO相反。
躺
zzzz
好重…
有大人來家裡作客的時候。
嗚——喔——喔喔——啊喔—
喔——啊～喔喔喔～
從壁櫥發出威嚇聲
從頭到尾不見蹤影
真的很抱歉…
呵呵…
……。
M的朋友來的時候。
待在稍遠的地方
平常不太向M撒嬌，但是…
喂，那是姊姊的！
跟她玩嗎？
是姊姊啊？
喲！

真是個毛茸茸的弟弟呢。
NO COLOR NO SPECIES
在玩PC遊戲。
快起工作啊，合成了工作。
我回來了。
噗噗
在學校做的！
鏘——
哇，太棒了！
長了好多鬍鬚。
興奮
這是TOTO呢，很可愛吧？
還拿到了獎狀。
推
推
太厲害了！
咦!?這樣能拿到獎狀？真是奇蹟!!
這樣

可以掛在客廳嗎？
悶濕
悶濕
嗯、嗯。（用來辟邪）
嘿咻。
洗澡嗎？
嗯呼——
姊姊的味道
姊姊的汗水
我不想要這種弟弟。
TOTO
好可愛
滾滾滾滾滾
啪嚓
啪嚓
哇哈哈哈哈
更不想要這樣的媽媽。

為了可以經常清洗，買了兩頂帽子。
啊喔——
呼嚕
呼嚕
呼嚕
呼嚕
……。
擠
呼……
啊———
偶爾也會吵架。
TOTO走開——!!這是M的媽媽!!
喂……
推——
喵——
啪嘰啪嘰

TOTO…
zzz
磨蹭……
喵——
當姐弟也不錯呢。
不錯……
嗯—喵—
獎狀
啊!!
完

屁屁. 5

現在有點忙，
抱抱。
再等一下。
拍
對TOTO這麼說，
也說不通。
怒——
不停地發動喵喵攻擊。
喵——
喵——
抱抱喵喵喵
喵——
抱抱——
喵
喵——
喵——
踩腳
喵喵喵喵——
喵
……
耳機
喵——
喵喵
喵——
這樣過了一會，
喵——
喵——
喵——
喵喵——……
就開始打盹了。
點點頭頭

那樣子好可愛。
咔擦
點頭…
啊！
糟糕，睡著了。
既然這樣
喝！！
鏘
好痛
突擊手
猛烈的撞頭攻擊。
咚
咚
唔喔
啊！喂！！
猛・烈・的……
噠噠噠噠
噠噠噠噠

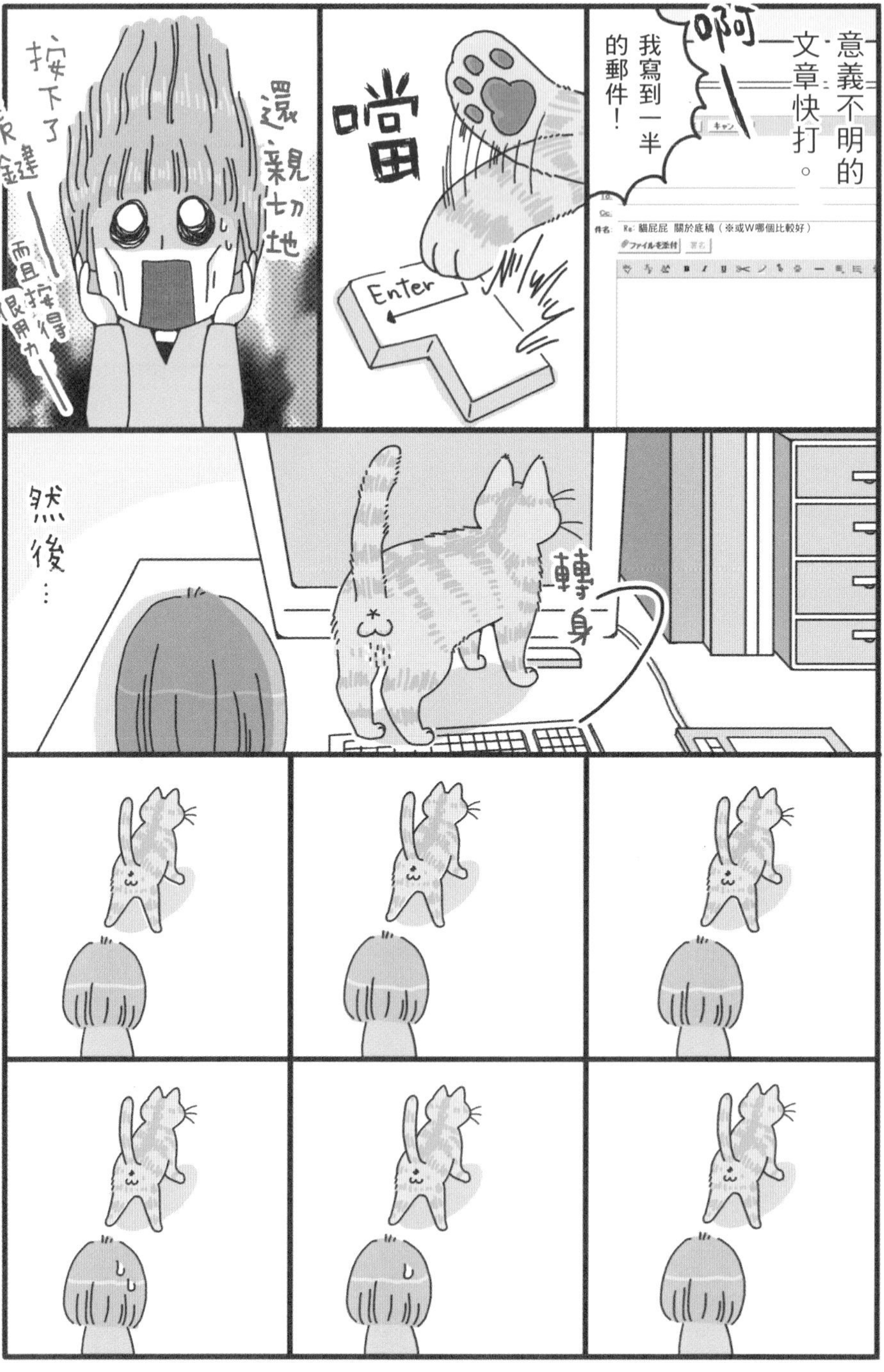
意義不明的文章快打。
啊——
我寫到一半的郵件！
Re: 貓屁屁 關於底稿（※或W哪個比較好）
噹
Enter
還親切地
按下了ENTER鍵——
而且按得很用力——
然後…
轉身

怎麼樣啊？
還問我怎麼樣。
這時候
TOTO…
推
怎麼樣？
推
怎麼樣？
我是不是該說，屁屁觀音大人，感謝您給我看美好的屁屁呢？
哼。
吁—
福
我的確很喜歡屁屁，
毛茸茸的屁・屁
呼吁—
受不了啦—
如果這樣就是天堂啦。
就選那個屁屁吧
嘶哈—

但是，
現在編輯觀音大人
比屁屁觀音大人
重要。
NANAON，
稿子呢？
完成了嗎？
稿子遲交，
他就會變成阿修羅。
怒
稿子
交出來！
對不起。
阿修羅
很可怕。
拋
舔
舔
舔
屁屁觀音大人的
下一招，
走走
坐下來
是故意蜷縮在
冰冷的地板上。
毛毯
電熱毯
(ON)

我好冷…好冷哦…
這樣下去……
說不定會凍死。
打同情牌。
你以為這種戰略會……
哼
有用嗎……
發抖
發抖
發抖
縮
發抖

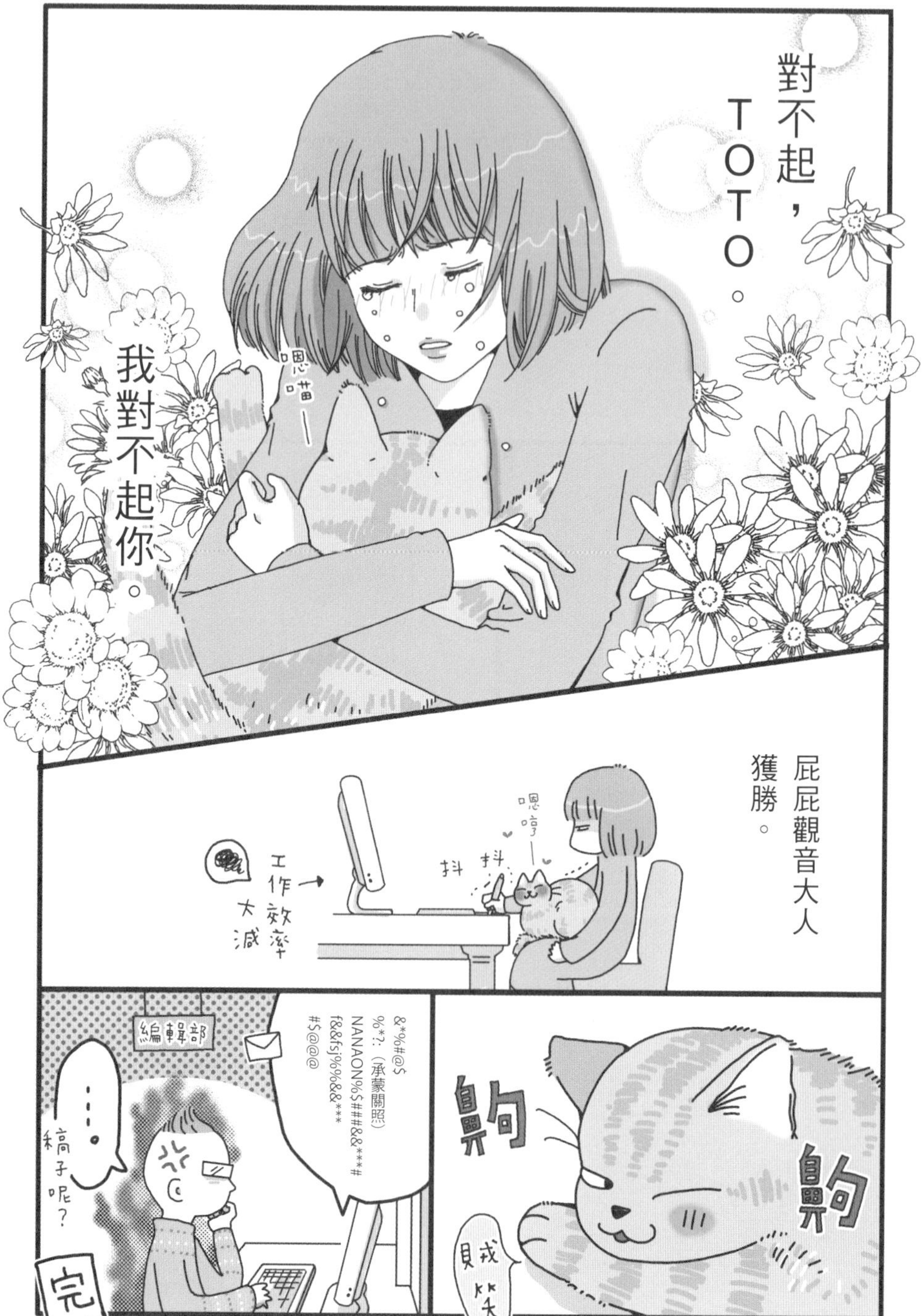
對不起，TOTO。
嗯喵—
我對不起你。
屁屁觀音大人獲勝。
嗯哼—
抖 抖
工作效率大減
賤笑
&*%#@$
%*?:(承蒙關照)
NANAON%$##&&***
f&&fsj%%&&***
#$@@@
編輯部
…稿子呢？
完

屁屁. 6

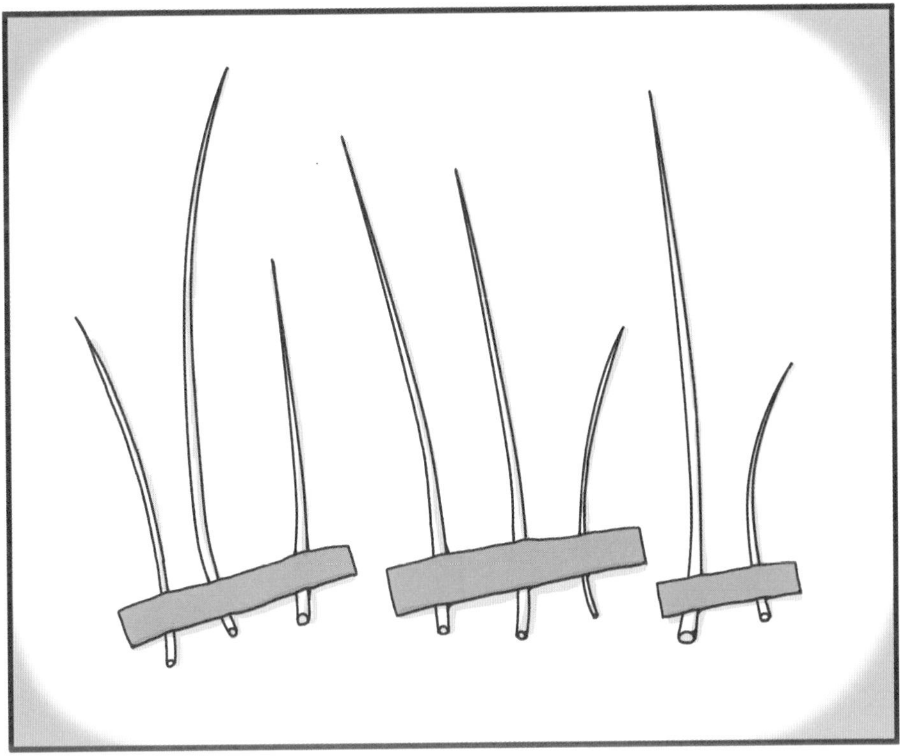

呵
2013.12.10
白，中粗，長
咔嚓 咔嚓
貼
我在收集愛貓的鬍鬚……
有意見嗎？
~2012.5
~2012.12
TOTO日誌
因為怕被吸塵器吸進去，
所以都用掃帚掃地……
有意見嗎？
都什麼時代了
抓抓抓

啊。
啪嘰
啪嘰
啊吼吼吼
這……這是？
Premium
rare
golden hi☆ge
抓
抓
來做個說明吧！
何謂「Premium rare golden hi☆ge」？
TOTO的嘴邊大約有40根鬍鬚，
TOTO的毛是茶色，
但鬍鬚全是白色，
嗯喵——
不可思議的是，總是會
從同一個毛穴長出僅僅一根的
「茶色鬍鬚」。
作者我把這根難得一見的「茶色鬍鬚」，
稱為「Premium rare golden hi☆ge
（額外稀有黃金鬍鬚）」，供起來膜拜。

一般來說，貓臉上的鬍鬚（嘴邊、下巴、眼睛上面、側邊）共有60～70根。

馬上貼到TOTO日誌上。
雀躍
雀躍
……
……。
停止
有意見嗎？
收集鬍鬚有什麼關係呢？是可愛的TOTO的鬍鬚啊！
從可愛的TOTO臉上掉下來的鬍鬚，當然也很可愛！
吐舌—
鬍鬚在哪？
媽媽好可怕—
最近，我自己也覺得對TOTO的愛太沉重了。
嘶—
哈—
被抓住了

但是，一山還有一山高……
怎麼了？NANAON，這麼沒精神。
責任編輯MR.白豆
這種時候需要這個！
遞…
喵太郎的吃喝拉撒睡
要吃嗎？
啪啦啪啦貓漫畫
心浮氣躁、沮喪時，看了這個就會平靜下來。
你都隨身攜帶嗎？
推薦給妳。
哦。
啪啦啪啦——
啪啦啪啦啪啦
編輯部
喂，
白豆又在玩了。
啪啦啦啪啦——
我不要這種編輯
啪啦啦——
啊，應該是很煩躁。
我不要這種編輯。

話說，這個MR．白豆，
咦？我嗎？
哈哈哈
我才不是什麼貓癡呢。
不像NANAON那麼愛貓。
看起來像是這樣的人，但～
你喜歡貓的哪裡？
咦？
屁屁！
我還是喜歡屁屁～♪
……………………。
默。
我喜歡全部。
……。

根本是個貓癡。
啊，對不起，請給我花豆奶油聖代。
揉
不過，硬要說的話，
嗯——
讓您久等了。
……。
…………。
應該是鼻屎吧。
……。

把黏黏滑滑的鼻涕，
黏稠
呼
用棉棒…
呼
呼
MR.白豆的茶虎「教授」
我每天都用棉棒幫貓擦拭鼻子，黏度真的很高呢。TOTO是咔哩咔哩乾燥性吧？啊，好像是那樣。妳要先把棉花沾溼，再輕輕地、輕輕地擦拭鼻頭，把外面擦乾淨了，再伸進裡面。
嘎噠噠
黏膜很敏感，所以我為我家的教授和博士買了棉棒。改天分一點給妳吧？要不然，我來幫TOTO清鼻屎也行哦。
他有兩隻貓。
啊，我都躍躍欲試了！TOTO的鼻屎耶
收集鬍鬚算是很可愛的興趣啦！
辛苦你了！
奔
啊！NANAON！
3隻排在一起
比較黏度…
這個…
這本啪啦啪啦貓漫畫要給妳啊…
一整疊
我還是
不想要這樣的編輯。
完

鬍鬚插花
黃金☆鬍鬚

NG畫面
對不起!!
屁屁!!
對不起!!
吁喵——

屁屁.7

貓也會睡枕頭。

說到貓喜歡的玩具，非逗貓棒莫屬。
我家是插在花瓶裡。
口水
吃掉了
越來越多
嗯。
那麼
吸…
嗯…這個甘醇的香味…
甘甜、香醇、濃郁，芳香餘韻繚繞，應該是1年分吧……
不，2年分？

來看看正確答案。
轉
2012.1.~
呵呵，猜對了。
嘶哈—
嗯，1年分的逗貓棒，口水寶寶的成熟度還不夠啊
啊，TOTO
跟我玩。
好
2年分的逗貓棒—♪
啪嘰
啪嘰
咦？
不理
你看你看
6ㄉ流呢—
衝過來啊
揮舞
揮舞
呆—
…
—!!
不久前還玩得很興奮啊!!
貓真是喜新厭舊。

那麼，來玩球吧！
呵—
抓
抓
…
不想玩就算了。
鼾——
我是大雄嗎？
睡個午覺吧
抓
抓
跟我玩。
好，來個青蛙大攻擊！
跳
跳
踩扁
!!
要不要咬？
Mr.白豆娃娃
炸蝦呢？
没反應—

呼
呼
可惡，既然這樣！
每個都不想玩嘛
把大家喜歡的HAPPY TURN(米果)的
HAPPY TURN
小包裝紙洗乾淨
裡面的米果吃掉了。
一開始吃就停不下來。
再用橡皮繩綁起來。
來吧……
驚
像平常那樣，
繃
決勝負！
咻
躂

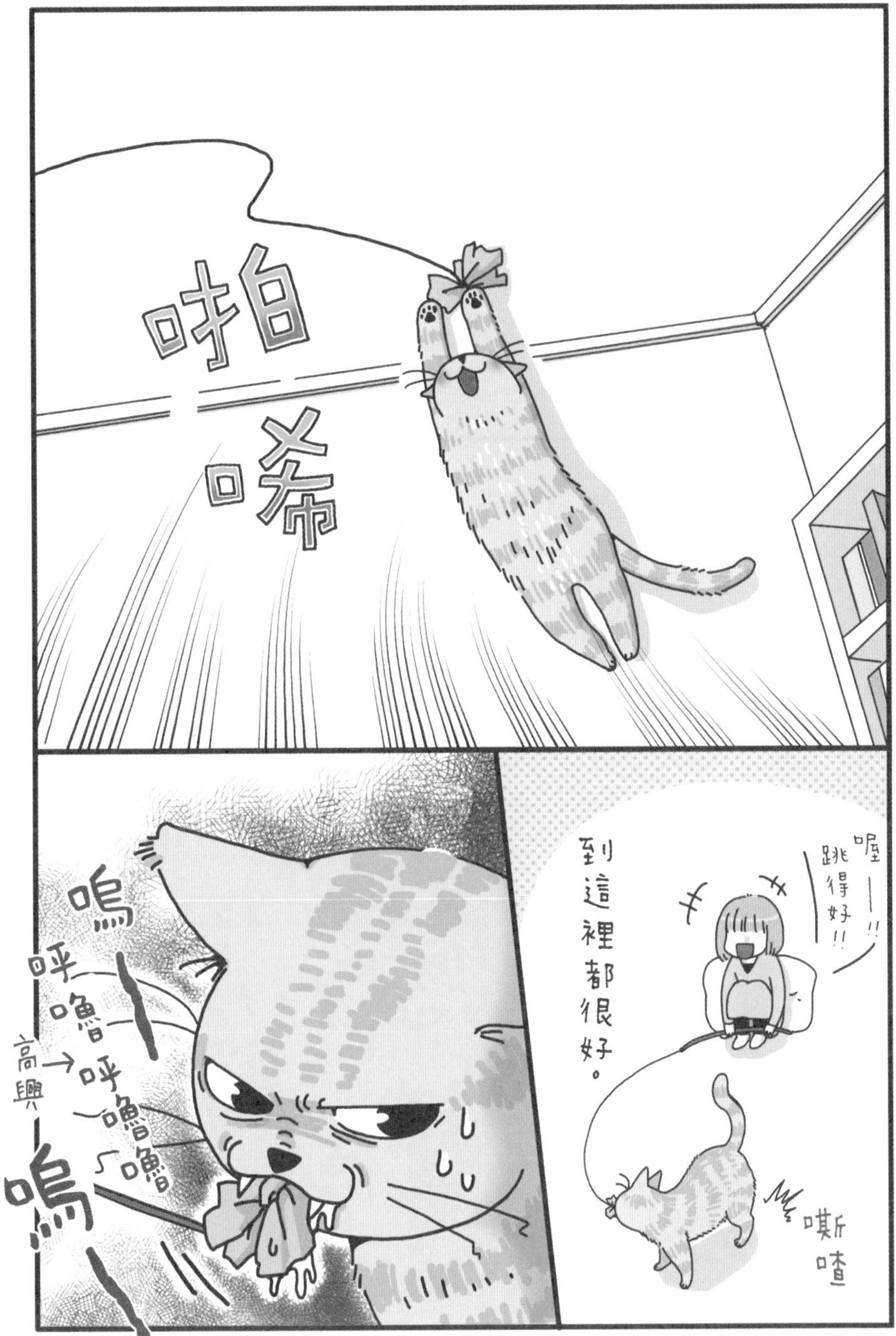
啪
唏
喔——!!
跳得好!!
到這裡都很好。
嘶喳
嗚——
呼嚕—呼嚕嚕
高興→
嗚——

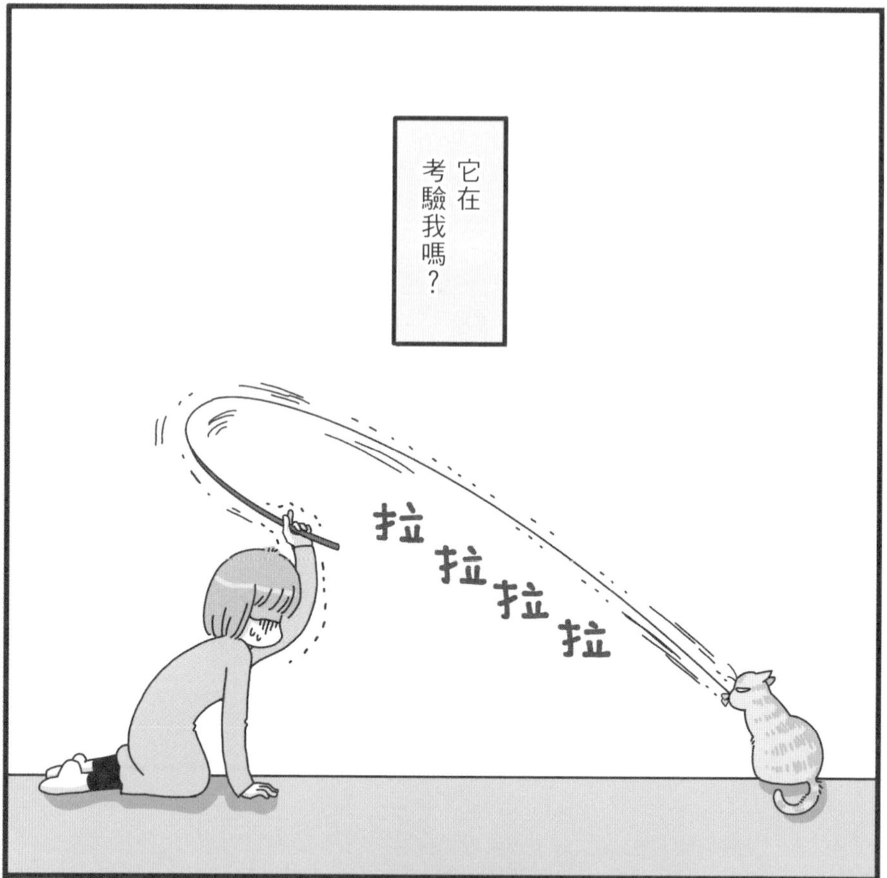
它在考驗我嗎？
拉
拉
拉
拉

等等
不要放開
絕對不要放開！！
你知道放開會怎麼樣吧
絕對不能放！！

唔——
你是故意裝出叫我不要放、不要放的樣子吧!?
哈喵—♪
放
不是…
拉拉拉
啪嘰!!
不是的裝…

又不是搞笑劇團鴕鳥俱樂部
滴答
滴答
啊！
移—
你那是什麼表情！！
很好玩吧？
那張臉好像在說
騙人，你一定會放吧？
就說你那是什麼表情——！！
要再來一次嗎？
這次我絕對不會放開
註
跟貓相互信賴，才能玩橡皮繩遊戲。
完

屁屁. 8

迷戀「PONTA太」的部落格
PONTA太拿牽繩來，催我去散步。
要去嗎？
在溜狗公園盡情奔跑！我張大眼睛看著開心的PONTA太！
呼
呼
PONTA一開心就會變成鬥雞眼
我也好久沒跑步了，是很好的運動！
好羨慕啊——

PONTA太好可愛哦！
其實我也很喜歡狗。
因為不能養，只好看狗的部落格養眼。
在娘家待了18年的博美
可以吃嗎？
很喜歡吃小黃瓜
狗的部落格大多記錄戶外的事，給人活潑的感覺。
哈哈哈哈哈哈，去撿回來!!詹姆斯!!
很好!!去追彩虹！
嗯吼
腰包
相較之下，貓的部落格就……
睡在我膝上的小荻，已經保持這個姿勢睡了3小時。
大多是這類文章。
小荻
毛

或是今天也很冷，所以兩隻都躲在電暖爐裡面不出來，
這種PO文。
在這裡。
或是窩在洗好的衣服上，
這種PO文。
哈哼—
陷入木天蓼幻覺中的教授。
整體來看，大多是戶內、繭居族味道的照片、報導。
先鑽進去再說。
超級屁屁
吁
吁
吼喵—
威嚇在外面跑的狗。
因為太冷，自己不出去。
下來啊—
嗯哼—
不肯從壁櫥出來的貓。
要卑躬屈膝地備好美食，不然叫不出來。

狗的主人是這樣。
回家！
靜止
命令是絕對的！要遵守指示！
貓的主人是這樣。
啊ー還是待在棉被裡最舒服，不想出去。
那是妳自己吧？
同樣是毛茸茸家族，跟貓差不多可愛的黃金鼠，我也常常看。
呆ー
黃金鼠的嘴巴常常塞滿東西
咦？果核嗎？妳想要果核嗎？咦？想要嗎？
驚慌
失措
我不要啦（笑）
又不會跟你搶。
拚命吃
拚命吃
怎、怎、怎麼辦，
先逃進巢穴裡吧。
鑽
養黃金鼠最大的樂趣，就是「黃金鼠屁屁」。

喜歡屁屁的人都會受不了。
好可愛
喜歡屁屁的人
儘管沒有貓屁屁那麼震撼，
但含蓄、可愛，還是深深擄獲了屁屁愛好者的心。
對了，黃金鼠基本上是夜行性，所以深夜會動個不停。
咔啦咔啦
不能睡覺…
溫度降到15度以下，可能會進入疑似冬眠狀態，所以要小心。
ZZZ
不能睡 不能睡 會死啊！
我家的茶虎貓，一整年都處在疑似冬眠狀態。
剛剛醒來，才又想睡了喵。
打盹 打盹
睡醒了吃飯，吃完飯又睡。
烏龜和青蛙也要注意溫度，不然會進入冬眠。
常看的留言板討論內容
我家的烏龜都不動了。
是冬眠了嗎？
有誰可以告訴我嗎？
回答：有開電熱器嗎？
室內溫度幾度呢
好難過…。
暖和嗎？
烏龜用毛衣（披在殼上）

（譯註：卡通人物，台灣譯為大嘴鳥。）

會催我餵食。
餵我吃東西
拉
好痛好痛
把我的嘴唇往上翻，就像恐嚇的流氓。
會對不喜歡的客人丟炸彈。
咚
田村小姐
啊！
田村小姐是誰啊？
性格這麼可愛的鸚鵡，聽說身體會散發出非常香的味道。
我自己養的時候都沒發現。
那種馥郁的香味，對熱愛的人來說，像是「太陽的味道」，也像是「剛扭乾的抹布」。
呵呵
抹……抹布的香味？
新鮮!!
薰
TOTO頂多就是灰塵的味道。
好想聞聞看。
驚～
你好
哈哈哈哈
幫我找到幸福的鸚鵡體臭…

而且，種類不同，味道也不同。
※正確來說，文鳥是屬於燕雀目。
文鳥
虎皮鸚鵡
鳳頭鸚鵡
桃面愛情鸚鵡
這是高難度技術…
有鸚鵡味道的冰淇淋，
也有鸚鵡香味的香水。
虎皮鸚鵡
鳳頭鸚鵡
桃面愛情鸚鵡
有人買嗎？
知道越多就越迷人的鸚鵡們。
好想養～
嘟噥
鸚鵡
嘿吧
拍
拍
那是（鸚鵡）我的食物嗎？
吁
吁
興奮
家裡有肉食動物，所以不可能養。
鸚鵡全集
完

屁屁.9

健康檢查通知
請儘早來院檢查
NOD ANIMAL CLINIC
咬掉了一些。

今天是TOTO健康檢查的日子。
NOD ANIMAL CLINIC
他…很會叫呢…
對不起
喵——喵——
咚
喵—
喵—
咚
TOTO請到第一診間。
妳好。
喵…

靜——
出來啊——
……
咦？
縮
盡可能縮到最小
以為這樣就不會被看見
縮起來了。
嘻
縮起來了呢。
嘻
嘻
縮起來了呢。
快遲到時，拚命跑到教室，當天的便當就會變成這樣。
快放開啊。
鉤起來了——
哈哈哈
呀喵、喵
喵
喵
那麼，先量體重……
嘎喳—

片桐醫師。
我第一次帶TOTO來時，就是由片桐醫師看診。
TOTO來了嗎？
3年前。
喵—
咪吼——
COFFEE
缶190g×30本
因為沒有貓提籃，所以用紙箱裝去。
他很害怕呢。
沒關係，不用怕。
不用怕……
哚
啊。
風之谷的娜烏西卡嗎!?
吼~~~

唔——!!
張開—
啊哇哇哇
TOTO，
你咬我耶!!
噴血—
好可愛♥
對，這個醫師是……
非常喜歡茶虎貓的獸醫。
再咬用力一點也沒關係—
把我的白衣染成紅色吧
好了，請不要動。
喵—
喵吼—
跳

我們診所又多了茶虎貓，我很開心呢，可以拍照嗎？
TOTO的花紋真的很美呢，很有「THE茶虎貓」的感覺，尾巴的條紋更厲害。
啊。
咬
又來了。
TOTO有咬人的毛病呢，
這樣不行，
滴答滴答
沒辦法，就由我來收養了……
我們走吧
哇——拐貓犯——!!
回到現在
醫生，今天您是負責第二診間吧？
這裡是第一診間。
又來拐貓了嗎？
如果妳問我來做什麼，
我會告訴妳因為TOTO在這裡。
也就是說——
我想見TOTO，
所以來了❤
害羞
雖然看診看到一半，但沒關係。

女朋友啊!!
咚
病歷
快回去看診!!
我來看
雖然是這樣的醫生，
WC
來，讓我看看你的臉。
吼!!
嗯。真吼得好聽
我看得到！我也看得到敵人！（鋼彈系列中的夏亞的名言）
夏亞
我要摸你的肚子囉，TOTO。
但看診很仔細。
發抖 發抖
也太害怕了。
摸摸…
可以感受到他對貓的愛，所以可以放心交給他。
也太強烈了

摸
肉球OK。
好。
胸毛OK—
摸
可以放心……
摸
有沒有哪裡不舒服呢？
摸
摸摸摸
摸摸
這裡嗎？
這裡嗎？
摸
摸摸摸
醫生，摸太久了。
啊。
呼
呼
檢查屁屁……
片桐醫師～第二診間的奧利佛在等你哦～
請回來診間—
對不起每次都這樣
沒關係。
哼—
感覺重要的屁屁被沾汙了。
喵—
抱緊

這位醫師其實是……
咦？我不要啦，狗都硬邦邦的。
吧嗚—
奧利佛
58kg
充滿玩心
院長！
驚
夠了！不要太過分啦！
還有圖
點心
是這裡的院長（笑）
快，走啦
TOTO，再來哦—
換家診所吧？
完

變態獸醫
攤開
來，
投進我懷抱吧♥

失物
妳遺失的是金色屁屁嗎？
還是銀色屁屁？
當然是金色屁屁……
啊，可是我也不想放棄黑灰虎紋貓!!

屁屁. 10

我回來了♥
喵―
你有乖乖嗎？
喵哼―
豎起尾巴
有睡覺嗎？
嗯哪
磨蹭磨蹭
一般認為，
貓跟狗不一樣，叫也叫不來，也不會回應。
裡面什麼都沒有啦。
鑽
級屁屁
TOTO不但叫得來，也會回應。
叫聲也非常多樣化。
平時。
喵――!!
這個叫聲的使用頻率很高，廣泛性也很高。
啊！
那是我今天晚上的下酒菜

有點嫌麻煩的時候。
喵
抗議
喵——……
拉長尾音、低音。
對不起，不該沒事叫你。
想撒嬌、懇求的時候。
嗯喵～
加入「嗯」音
寂寞、悲傷的時候。
嗚——嗯——…
※真的會哭！
心情好的時候。
嗯喵
嗯喵
嗯喵
短、有節奏感

很開心的時候。
哼唧
呼喵
呼喵哼唧
呼喵—
↑鼻息？
零食→
跟其他貓相比，TOTO算是很會叫。
上一隻貓幾乎不叫。
…。
但會用眼神示意→
親戚家的貓①
喵——
很醜
只有一般叫聲→
（沉默寡言）
親戚家的貓②
聲音很細
喵嗚
有女王氣質，只為自己的需求而叫。→
因為太會叫了，所以我計算過。
30分鐘喵了45次。
好多…？很多吧？
00045
到底在說什麼呢？
嗯～……
咯咯咯！！
喔喔喔！！
咔咔咔！！
看到鳥就會咯咯叫

喵ー!!
喵喵ー!!
TOTO，你心情不錯呢。
喵嗯ー！
哦、哦，這樣嗎？
喵ー嗯!!
今天也很柔軟呢。
嘶哈ー 啊ー 受不了啦
嗚喵喵ーー
喵、喵、嗚喵ー
啾
啾
討厭啦，TOTO的嘴巴好臭～
說歸說，又親得更厲害了
嗚喵喵喵喵喵
呼嚕
呼嚕
回應得這麼熱絡，
就會覺得我們的對話都通了，好開心。

說不定內容是這樣。
很棒的
大●出來了!!
TOTO，你心情不錯呢。
很棒的那個出來了。
哦、哦，這樣嗎？
大便大了好多！
今天也很柔軟呢。
嘶哈—啊—受不了啦。
我覺得還有大便黏在屁屁上呢不過，算了。
大乾淨後，肚子就餓了，所以我把玄關的蜘蛛吃了。
啾
啾
討厭啦，TOTO的嘴巴好臭～
說歸說，又親得更厲害了
外面很脆，裡面很多汁！
呼嚕
呼嚕
還是不要多想。

這麼「會回應」的TOTO，也有不回應的時候。
TOTO！
TOTO！
朦朧——
奇怪，跑哪去了？
啪嚓
亮！
零食

喵…喵ー
發抖
……。
發抖
現在的喵，
咚隆
啊哇!!啊
究竟是
「救我」的「喵」？還是「糟糕，被發現了」的「喵」呢？
對自己不利的時候就不回應了哦？
嗯呼ー
完

屁屁. 11

丈夫的老家，

有隻貓叫「娜娜」。

她實在太美了，
第一次見面時，我看得啞然失言。
她有雙迷人的大眼睛、
小小的耳朵、可愛的鼻子、高雅的嘴巴，
銀色金吉拉
腳很小
尾巴很像撣子
(計程車司機用的那種)
還有蓬鬆柔軟又美豔的毛皮。

走路姿勢像百合花。
優雅
優雅
沒有腳步聲
坐著像牡丹。
輕輕坐下
站著像芍藥。
呵一
BGM(背景音樂)是古典音樂
連屁屁都很高雅!
一般屁屁根本不能比
玫瑰的味道!!
飄盪飄盪!!
跟他相比較?
我家的野草。
嘎哩叩哩
走啦…
咕啵
為什麼走這裡?
呆一
站著絕對沒好事。
坐著超沒品
走起來就像這樣…
真希望娜娜的優雅可以分一點給他。

在家族裡也是地位最高的娜娜，佔據了放在客廳的貓塔的最高層。
女兒亞美爬上去，
嗯
喵
嗯
喵
喵
嗯
就會被踢下來。
爬上來幹什麼，下去!!
踢
女王大人對女兒也毫不留情。
有客人來，她就坐在桌上，一起聊天。
就是啊
嗯
嗯
會喝（客人的）茶。
我只喝茶杯裡的水
咕嘟
咕嘟
啊。

也會吃點心。
咔啦
咔啦
咔啦
腳前端的一小撮毛很可愛。
給她吃人類的食物好嗎？
女兒M
奶奶（丈夫的母親）
她已經老了，所以她想吃什麼就給她吃。
一點點啦
再咔啦咔啦
我還想…
是的，別看娜娜那樣，她已經是名副其實的「奶奶貓」了。
年齡19歲！（人類的90多歲）
九十大壽
但還是這麼美，
牙齒也很美！
食慾也很好。
啊!!
咬
很喜歡吃奶油

但是，
毛都豎起來了。
……
聖誕節時，娜娜的身體出了問題。
搖擺
搖擺
恐怕很難渡過年關了。
片桐醫師再次出場
好痛苦
爺爺擔心得血壓升高。
娜娜…
娜娜…
搖晃
爺爺！
哇—
娜娜不要死啊——
不要死啊—
嗚咽
嗚咽
孫子們都哭了。
張開眼睛啊，
娜娜！
娜娜！！
娜娜！！
結果……
鈴
鈴
鈴

新年聚餐時，又看到了大吃鮪魚的娜娜。
大口大口
還從桌上偷來吃。
女王大人好卑鄙。
跳
討厭啦~娜娜，害我好擔心！
鮭魚
冷不冷？
娜娜，要不要喝水？
要不要吃這個？
娜娜是大家的偶像。
可是半年後身體又惡化了。
癱瘓…
連上廁所都不能自己去上了。
呼
呼
尿
也完全沒有食慾。
娜娜居然會沒食慾!!

在醫院打了針。
打針只能撐一段時間，
嗚
嗚
所以請在家裡默默守護她。
呼
呼
娜娜，對不起，妳一定很痛吧。
呼
呼
這次
可能真的不行了。
踢
踢
我回來了。
與寵物別離是免不了的結局，
但
他喜歡茶桌的桌腳
還是
TOTO，你要活久一點，
不要死哦。
抱緊
很難過。
—3天後

又見到了偷吃爺爺飯菜的娜娜。
哈哈哈
啪嚓
女王大人果然卑鄙。
大概還可以再活10年吧。
嗯。
哈哈哈
這三天我都擔心得睡不著呢。
丈夫→
剛才還偷吃亞美的飯呢。
姪女
躲在沙發後面吃偷來的東西
大口大口
完

屁屁.12

大家覺得貓很笨嗎？

在一般人的印象中，都是狗比貓聰明。
報紙拿來了。
謝、謝謝
口水
只是不會像狗那樣聽從命令……
喂，我不是說過不能這樣嗎？
我說過吧？
才剛重貼過啊
趴
乖乖待著
其實貓的智力並不低。
3減2是多少？
按
喵
有一說，貓的智力大約是人類1歲半～2歲小孩的程度。
龜子

TOTO怎麼樣呢？
哼哼哼～
哼…
鏡子
誰ー!?
吼
很笨。
而且，
咦——
走來
走去
好奇怪
跑去看後面，實在太笨了。
那面鏡子2年多以前就一直放在那裡了，
他每天都在看，為什麼現在還會這樣？
哈哈哈，TOTO真的很笨呢。
責任編輯MR・白豆

白豆家的博士，不久前不是也撞上了紗窗嗎？
咚鏘—!!
鳥鳥鳥—!!
白豆愛貓「博士」(♂)
笨蛋 笨蛋
是名符其實的笨蛋。
不悅
不是撞玻璃，是撞紗窗!!
噗噗
怒
不、不，博士非常聰明。
昨天，
門擋
博士對門擋的存在很好奇。
嘿咻
嘿咻
又推又拉
奮戰了30分鐘。
嘎沙
嘎沙
拚命(笑)

脫落
啊
走廊
撥掉了—
成功了—!!
軋—
啪噠。
……。
啊！

被鎖住了!!
喵—
喵—
抓
抓
喵—
喵—
喵—
喵—
好可愛……
好可愛……
博士。
喵
抓
呼
喵
抓
呼
那不是
笨蛋嗎？
哼
哼
TOTO沒有
那樣的智慧吧？
博士那個
表情
真是♥
嘎
喳
發抖
發抖
嗚
喵
嗚
喵
對不起，
給你吃飯囉。
吧嗒
吧嗒
咕嘟
咕嘟
大口
大口

喵—♪
博士的吃相很差，
吃完就到處走、到處磨蹭。
白豆愛貓2 教授(♀) 精明能幹
NOOO!!
教授姊姊♥
真是個「大」笨蛋。
TOTO都吃得很乾淨。
不，不是笨蛋，
咚！
博士是純真！
好—!!
所以，縱使他從塔的頂端……
跳躍
啊，吃飽就動會……

好久不見的阿修羅化

※這是真實的事。

喂ー
我可是有潔癖的人哦。
NANAON，妳敢接TOTO的嘔○物嗎？
碰過嘔●物的手
妳不行吧？我贏妳！
哦～我敢用手撿TOTO的大○呢。
客人。
嘀咕嘀咕
嘀咕嘀咕的博士
的TOTO
討厭
什麼啊
喂ー
哼
那算什麼，我可以聞博士純真的大○味，配三碗飯吃呢！
姑且不論貓是不是白癡，
……。
此時我們更加確定，主人都是貓癡。
TOTO會在鞋櫥裡睡覺。
嘶哈ー
博士會跌進沙發的縫隙裡。
噗嘰
完

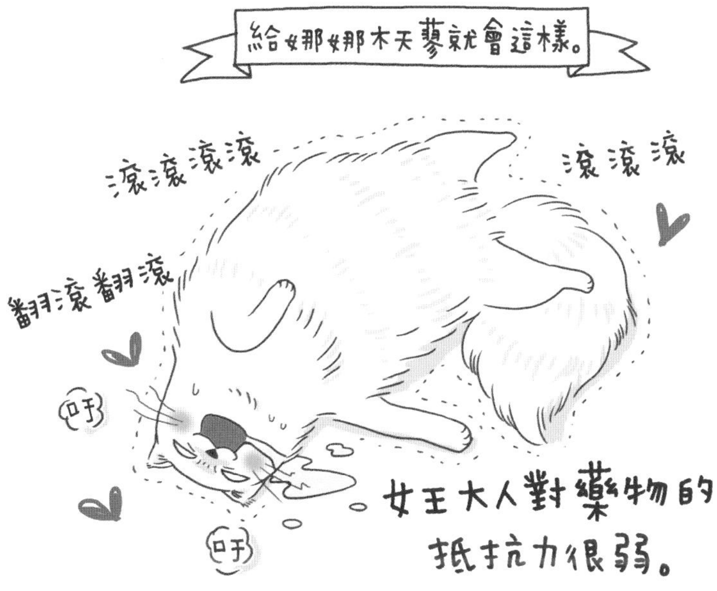
給娜娜木天蓼就會這樣。
滾滾滾滾
滾滾滾
翻滾翻滾
吁
吁
女王大人對藥物的抵抗力很弱。

屁屁大集合

番外篇

某月某日
颱風登陸。
嘩ー
哇，好大的雨。
嘩ー
喂，TOTO。
嘩ー
嘩ー
……
喵
嘩ー
嘩ー
嘩ー啦ー
嘩ー
嘩ー
嘩ー
嘩ー
啦ー
……。
豎起

衝ㄧ
咚
噗噗
呀！
LAPHROAIG
怎麼了？TOTO。
哼呼ㄧ
瞳孔都放大了。
呼
呼
嘎噠
嘩ㄧ
嘎噠噠
什麼東西撞到了
牆壁嗎？
啪噠噠
他好像很怕颱風。

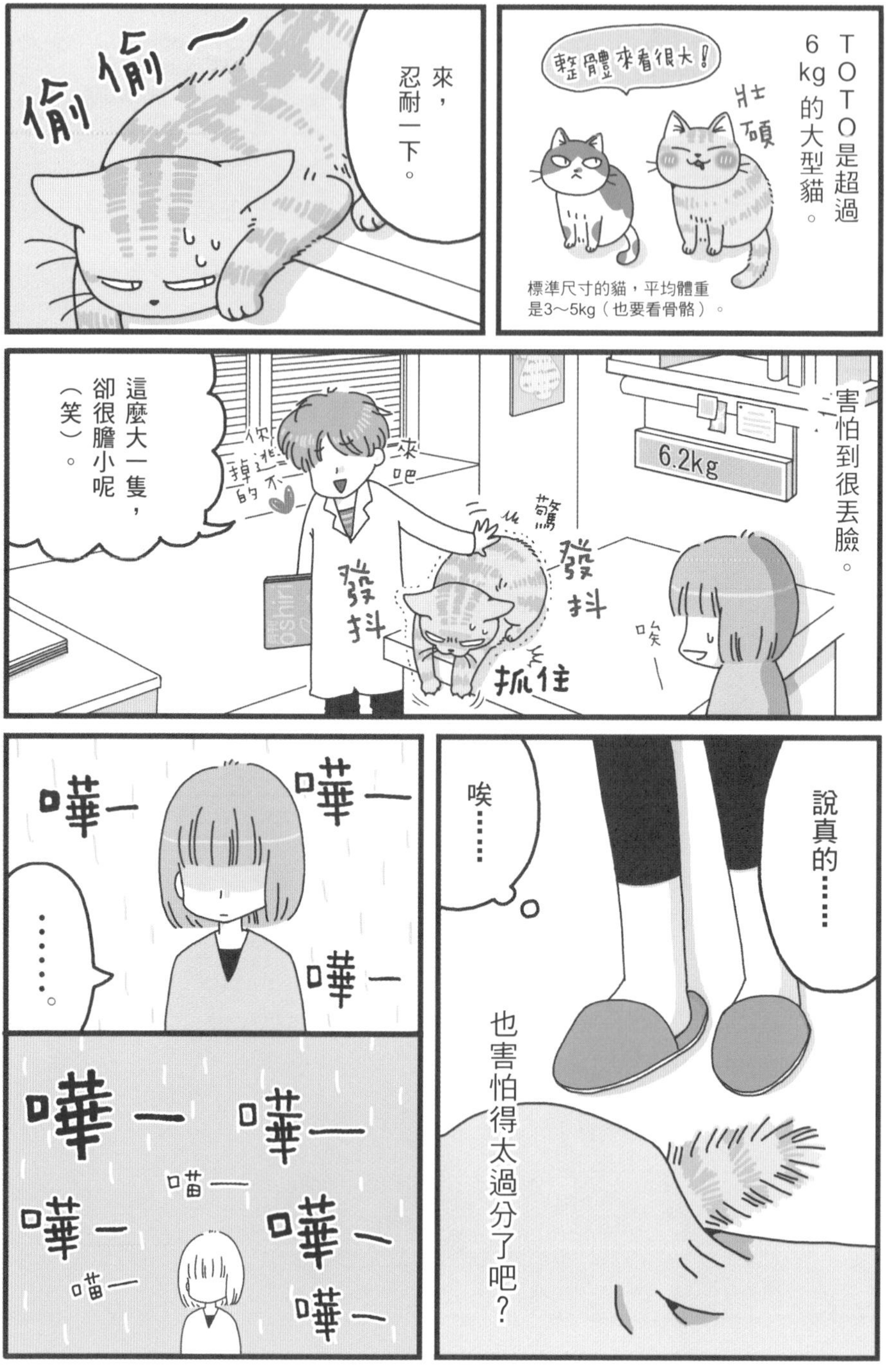
TOTO是超過6kg的大型貓。
整體來看很大！
壯碩
標準尺寸的貓，平均體重是3～5kg（也要看骨骼）。
來，忍耐一下。
偷偷—
害怕到很丟臉。
6.2kg
這麼大一隻，卻很膽小呢（笑）。
來吧
你逃不掉的驚
發抖
發抖
抓住
唉—
說真的……
唉……
也害怕得太過分了吧？
嘩—
嘩—
嘩—
……。
嘩— 嘩—
喵—
嘩— 嘩—
喵—
嘩—

← 在動物醫院也是這樣……

鑰匙拿來了！
喵ー
嘩ー
喵ー
謝謝！
嘩ーー
喵ー
聲音的確是從這裡傳出來的。
喵ー
嘩ー
喵ーー
怎麼會在引擎蓋下面呢……
喵ー
要打開囉。
嘎鏘
喵ー
喵ー
喵ー
喵…
喵ー!!

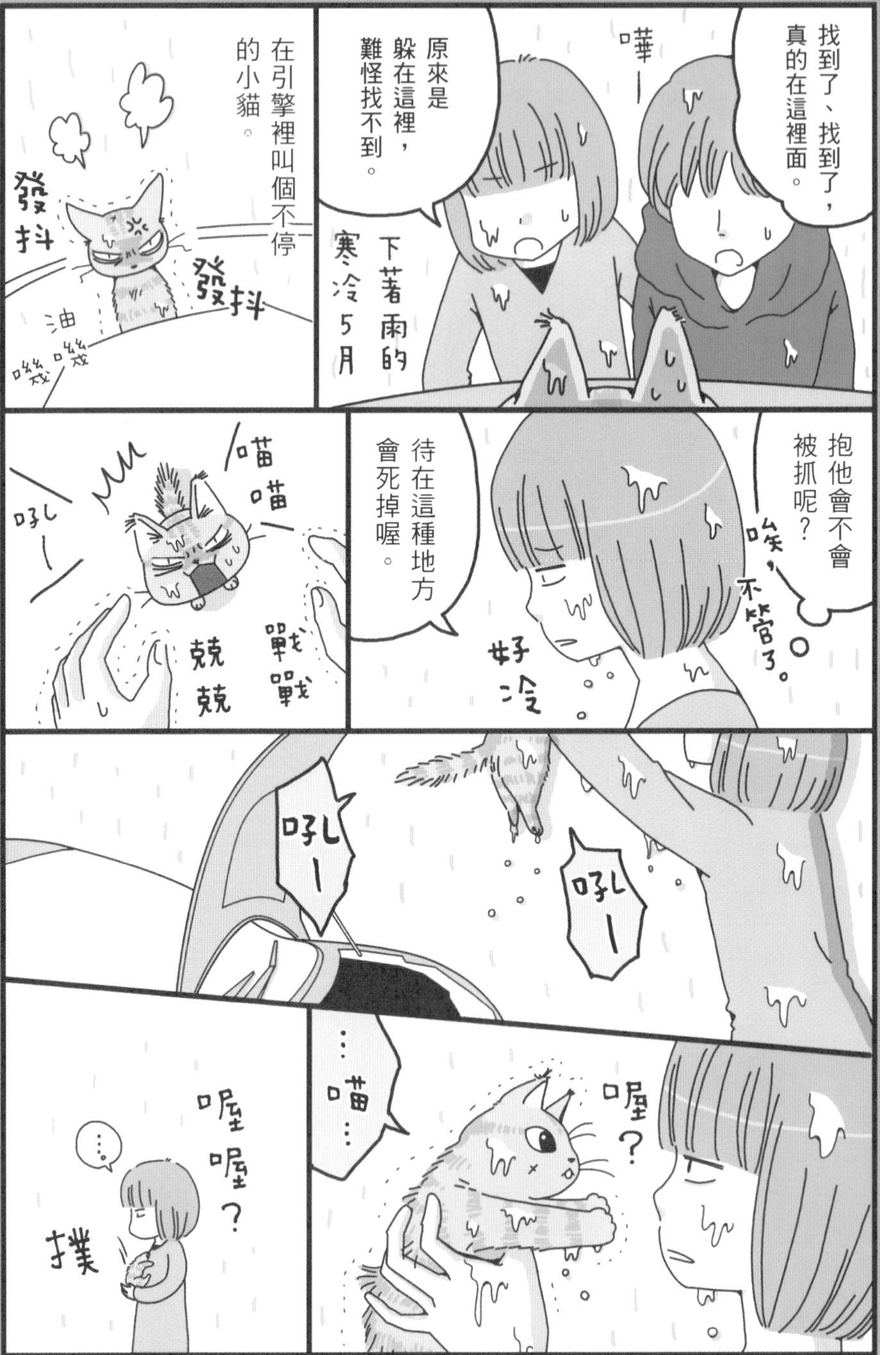
找到了、找到了，真的在這裡面。
嘩—
原來是躲在這裡，難怪找不到。
下著雨的寒冷5月
在引擎裡叫個不停的小貓。
發抖
發抖
油
嘰嘰
抱他會不會被抓呢？
唉，不管了。
待在這種地方會死掉喔。
好冷
喵喵
吼ㄟ—
戰戰
兢兢
吼ㄟ—
吼ㄟ—
……喵……
喔？
喔喔？
……
撲

……
呼嚕
呼嚕
呼嚕
發抖發抖
呼嚕
呼嚕嚕嚕
呼嚕
貼
好暖……
呼嚕
呼嚕
我決定收養他。
聽見叫聲的車主，幫我一起找。
太好了。
謝謝!!
多虧有這個人幫忙，不然TOTO可能會被輾死。

滴答…
沒事了，去我家吧。
有好吃的點心，還有玩具哦。
誘拐犯常說的話
媽媽，妳在做什麼？
那是什麼？
妳是不是拿著什麼？
抹布嗎？
我回來了—
不，這是…
喵
嗚喵
大口
大口
喵！
拚命吃。
一定是餓壞了。
溼答答
呼—
嗝
雖然骨瘦如柴，但手腳都很大，應該會長很大。
900g

真的長很大。
砰咚
長大了呢。嗯，所以……
心也長大一點嘛……
嘩—
嘩—
鑽
鑽
TOTO、
喵—
TOTO。
喵喵—

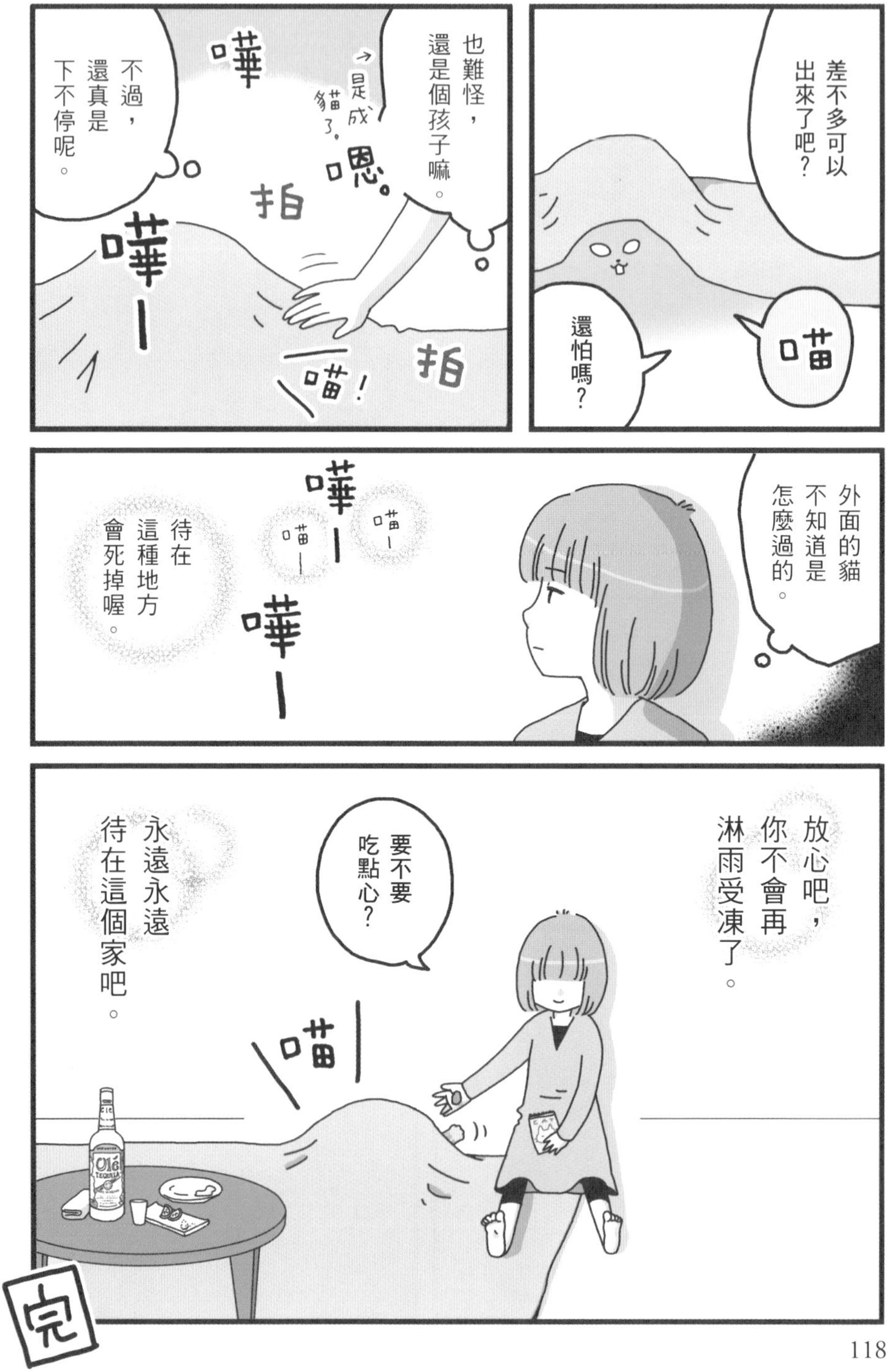
差不多可以出來了吧？
喵
還怕嗎？
也難怪，還是個孩子嘛。
嗯。
→是成貓了。
不過，還真是下不停呢。
嘩
拍
嘩ー
拍
喵！
外面的貓不知道是怎麼過的。
嘩ー
喵ー
喵ー
嘩ー
待在這種地方會死掉喔。
放心吧，你不會再淋雨受凍了。
要不要吃點心？
永遠永遠待在這個家吧。
喵
完

出場的各位
ZZZ
很擋路耶!!
今天娜娜依然是從貓塔上面……
教授
黏膩
我喜歡妳~
兩相好……
好煩
博士
今天的屁屁也不錯!!
嗯呼~
厲光小奈
咬看看。
亞美
小貓時的TOTO
摺紙
流浪中
鐵男
得意
※小貓時代
TOTO
ZZZ
好大隻。
GOLDEN ☆ HIGE
颱風好可怕~好可怕
抓
抓
叫你別擋路啦

貓的☆種種

用愛貓的毛 來做球球吊帶。

材料
・貓毛（塞滿兩隻手）
・廚房清潔劑　數滴 ｝混合
・溫水　　　500ml ｝混合
・針、線、吊帶等

① 收集刷毛時掉的毛。

② 小心不要把毛壓壞，
拉成細長狀。
（約30～40cm）

③ 從頭骨碌骨碌捲起來。

④ 用兩手輕輕整理成圓形。
（不要那麼神經質也行！）

⑤ 灑上加清潔劑的水。
整個灑濕後，在手上翻滾，
注入愛情捏成圓形（這時候，
腦海中要浮現愛貓的球球）。
訣竅就是像在捏泥巴。

⑥ 捏圓、捏小一圈後，
沖水把清潔劑沖掉。

⑦ 用紙輕輕把水擦掉
（不要壓壞了），放著自然乾燥。

⑧ 把兩個球球用線縫起來，
接上吊帶就完成了！

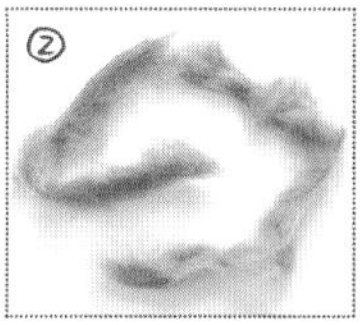

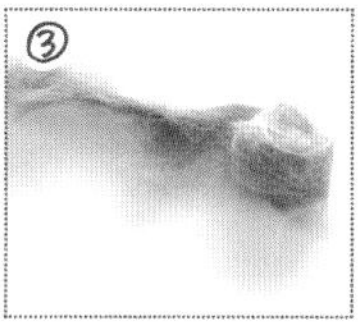

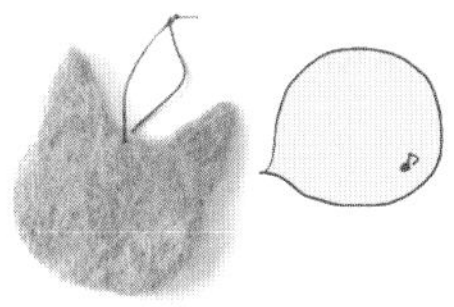

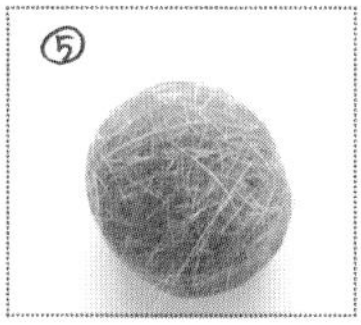

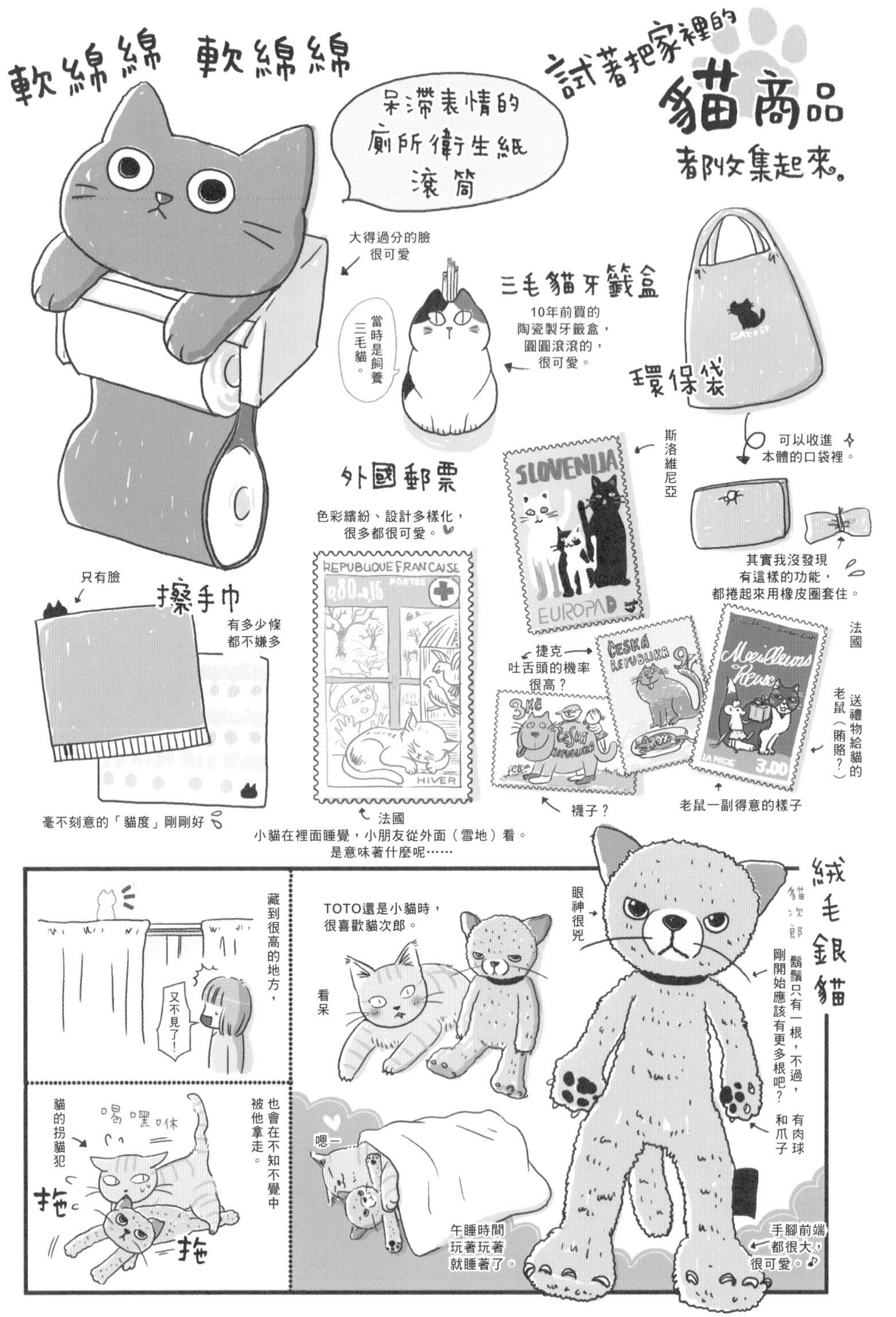

試著把家裡的
貓商品
都收集起來。
軟綿綿 軟綿綿
呆滯表情的
廁所衛生紙
滾筒
大得過分的臉
很可愛
三毛貓牙籤盒
10年前買的
陶瓷製牙籤盒，
圓圓滾滾的，
很可愛。
當時是飼養三毛貓。
環保袋
可以收進
本體的口袋裡。
其實我沒發現
有這樣的功能，
都捲起來用橡皮圈套住。
外國郵票
色彩繽紛、設計多樣化，
很多都很可愛。
斯洛維尼亞
SLOVENIJA
EUROPA
捷克
吐舌頭的機率
很高？
ČESKÁ REPUBLIKA
法國
送禮物給貓的老鼠（賄賂？）
老鼠一副得意的樣子
襪子？
REPUBLIQUE FRANCAISE
HIVER
法國
小貓在裡面睡覺，小朋友從外面（雪地）看。
是意味著什麼呢……
只有臉
擦手巾
有多少條
都不嫌多
毫不刻意的「貓度」剛剛好
絨毛銀貓
貓次郎
眼神很兇
鬍鬚只有一根，不過，
剛開始應該有更多根吧？
有肉球和爪子
手腳前端
都很大，
很可愛。
藏到很高的地方，
又不見了！
TOTO還是小貓時，
很喜歡貓次郎。
看呆
也會在不知不覺中被他拿走。
貓的拐貓犯
喝嘿咻
拖
拖
嗯—
午睡時間
玩著玩著
就睡著了。

貓設計的酒
大多很甜，
但還是會忍不住
買下去！
平板臉
ZELLER
SCHWARZE KATZ
有不同顏色、不同系列，樣式很多，很有趣。
日本酒也很可愛！
喝完後有很多用途☆
貓手錶
是粉紅金色，
所以看起來不會幼稚，
乍看像普通手錶。
12
6
還附送（？）很小的
填充娃娃
表情呆滯
附小飾物♪
乾杯
來、來，喝吧。
TOTO咬的
貓靠墊
什麼時候、
在哪買的，
完全不記得了。
以前M畫給我的TOTO
表情有點呆，但很療癒。
使用壓克力顏料
起毛球
大概是
TOTO舔的
裝入B5尺寸的框框裡，掛在牆上。
TOTO的迷路牌
有好幾個，顏色、
設計都不一樣。
TOTO
090-1234
5678
樹脂
印著名字和電話號碼
電燈的小拉繩
自己做想要的貓商品！！
很遺憾！
手作
俄羅斯套娃
精確複印
以前在部落格
稍微提過這件事，
有人留言說好想看哦♪
一定很漂亮，
可是連我自己都很驚訝，
怎麼可以做到這麼難看。
也沒那麼糟啦，
不過，是我不敢PO出來的
一個作品。
要塗出立體感
還真難呢。
好像是想做成小紅帽的樣子。
放著用來
辟邪。
肉球吸鐵
強力
吸鐵☆
吸力超強
不太買得到呢。很好拉！
大頭針
（圖釘）
看起來很像真的餅乾
用樹脂黏土做的
鐵絲做的貓
原創印章
現在有很多業者
一個也會做♪
一般藝術品
有點歪但很可愛

有貓出來的電影

有貓出來的電影多不勝數★有的跟故事有很大的關係，
有的讓人想問導演～那一幕跟貓有關嗎？

Long. goodbye

73年美國

(漫長的告別)

電影一開始就有很多私家偵探菲立普・馬羅與他飼養的貓之間的應對畫面。（不過，跟貓之間的應對也只有最前面。）

他被吵著要吃飯的貓叫醒，就到處找貓罐頭，可是找不到平常吃的「咖哩印」，馬羅沒辦法，只好特地為貓做飯，但貓完全不吃。

說歸說……

對了，狗也會對著他叫。

番外篇 有寫到貓的書

貓鳴

作者 沼田真帆香留

在雨中快死的時候被撿到（自己來的？）的不可思議的貓「文文」。

「文文的眼中沒有不滿，沒有不安，也沒有悲觀。那是不會說話的生物特有的、神祕莫測的眼睛。」

「文文是貓鳴的容器。」

不管重看幾次，看到後半段都會落淚。

後記

鑽
鑽

辛苦了。
大家覺得好不好看呢？
往上爬
好痛
好痛
總算努力畫完了，但是……
媽媽，妳為什麼在電話裡一直說「屁屁」、「屁屁」呢？
在電話討論工作
女兒M
媽媽為什麼老是拍TOTO的屁股呢？
這個角度的屁屁……

是為了……工作……
我可不是在玩哦。
貓大全
Cathips
再見了，父母的威嚴……
喔——拉長——
作畫期間，TOTO也惹了不少麻煩。
茶虎貓報導
盛夏的茶虎貓行蹤不明事件
看不到你的屁屁
你為什麼不等我呢
2013年愛的逃避行
在黑暗中閃爍的眼睛，好可怕！扯我黑髮的野獸的真面目！
「虎」果然是虎，磨過的爪子輕輕一揮……就是讓靈魂啜泣的愛的一擊。
我家的茶虎貓是魔法師？留下來的項圈述說著愛的意義。
缺不缺題材呢……？
我愛你哦。
咬
咬

我都變成超級變態人物啦。
第12篇的衣服上還有大◯。
→這裡的衣服是球球圖案。♪
編輯的工作就像雞蛋裡挑骨頭，寫很多紅字。
把沙窗
錯字
差了1mm
手很奇怪!
側面特寫太多 要多點正面角度
好仔細
這句台詞是什麼意思?
是這樣嗎?
每次交出底稿，
這次又想找什麼碴呢……
怎能說找碴
我的心就忐忑不安
希望那個畫面不會被刪掉。
※底稿→就像畫作整體結構的劇本。
有他自己家的貓出現的地方，都不會被砍掉。
博士
呆—
還有。
這裡OK!!
我接到白豆的伊媚兒。
後面如果能把教授畫進去，我會很開心。
這個畫面。
剛開始都沒畫到教授。
還說「會開心」呢~~(笑)
噴
絕對摻雜了私情!
話雖如此
老實說，還不到出版水準的漫畫，
一年前只敢半瞇著眼睛偷看……。
哇喔—
可以向上提升，都是靠編輯大人的力量。
→最後奉承一下。
非常感謝。
發芽。
還有，
當然要感謝閱讀這本書的讀者們。
很想把屁屁輕輕放在讀者們頭上。
讀者們
LOVE&貓屁屁
謝謝大家。

非虛構 020

為什麼大家都愛貓屁屁

猫のお尻が好きなんです

作者：NANAON｜譯者：涂愫芸｜出版者：愛米粒出版有限公司｜地址：台北市 10445 中山北路二段 26 巷 2 號 2 樓｜編輯部專線：（02）25622159｜傳真：（02）25818761｜【如果您對本書或本出版公司有任何意見，歡迎來電】｜總編輯：莊靜君｜主編：林淑卿｜企劃編輯：鍾惠鈞｜內文美術：王志峯｜印刷：上好印刷股份有限公司｜電話：（04）23150280｜初版：二〇一五年（民 104）十一月十日｜定價：280 元｜總經銷：知己圖書股份有限公司｜郵政劃撥：15060393｜（台北公司）台北市 106 辛亥路一段 30 號 9 樓｜電話：（02）23672044／23672047｜傳真：（02）23635741｜（台中公司）台中市 407 工業 30 路 1 號｜電話：（04）23595819｜傳真：（04）23595493｜法律顧問：陳思成｜國際書碼：978-986-91938-7-0｜

因為閱讀，我們放膽作夢，恣意飛翔—成立於 2012 年 8 月 15 日。不設限地引進世界各國的 作品，分為「虛構」、「非虛構」、「輕虛構」和「小米粒」系列。在看書成了非必要奢侈品，文學小說式微的年代，愛米粒堅持出版好看的故事，讓世界多一點想像力，多一點希望。來自美國、英國、加拿大、澳洲、法國、義大利、墨西哥和日本等國家虛構與非虛構故事，陸續登場。